好奇水先生
科普漢英圖典
Mr Water's Science Picture Dictionary

亞哥斯提諾·特萊尼　圖／文

滑翔傘運動
paragliding

新雅文化事業有限公司
www.sunya.com.hk

在山區上
Mountains

雪山上的環境十分嚴峻，能夠在這裏生存的動物都需要很強的適應能力，好像野生山羊和鷹。面對冰川和陡峭的岩壁，仍然有許多人來這裏露營、滑雪和徒步登山。搜救隊和搜救犬就隨時待命，以應對可能發生的暴雪或雪崩等意外。

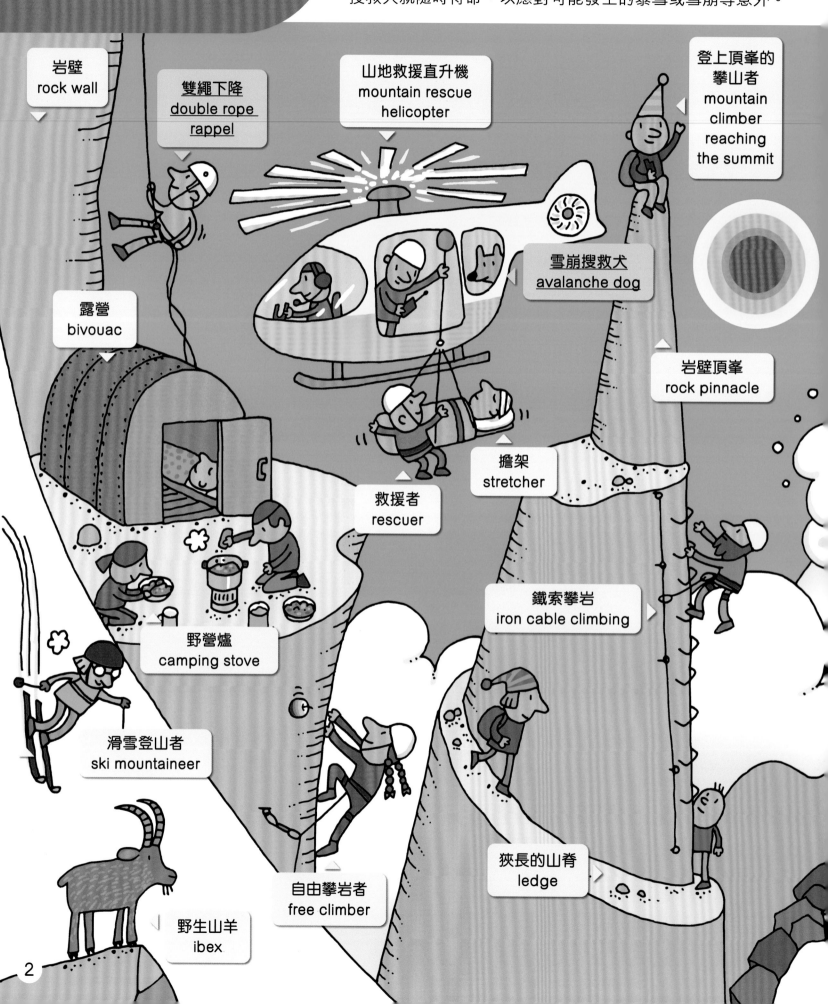

岩壁
rock wall

雙繩下降
double rope rappel

山地救援直升機
mountain rescue helicopter

登上頂峯的攀山者
mountain climber reaching the summit

露營
bivouac

雪崩搜救犬
avalanche dog

岩壁頂峯
rock pinnacle

擔架
stretcher

救援者
rescuer

野營爐
camping stove

鐵索攀岩
iron cable climbing

滑雪登山者
ski mountaineer

自由攀岩者
free climber

狹長的山脊
ledge

野生山羊
ibex

山峯
summit

鷹
eagle

副峯
sub-peak

雪崩
avalanche

大雪
snowstorm

繩隊攀登
rope team

積雪懸崖
snow cornice

這裏很冷，
我變成了冰和雪。

冰川
glacier

攀冰
ice climbing

冰磧
moraine

冰隙
crevasse

雪橋
snow bridge

冰壁
ice wall

3

在山屋中
Mountain Refuges

小屋周圍是美麗的自然環境，看到小溪、水源、滑雪道，還有可愛的小山羊、土撥鼠、小雞、小貓和小狗。野外越野車和纜車在運送食物，大家一起做飯，圍坐享用美食。一家人愉快出遊，樂也融融，這裏充滿一片和平和喜悅的氣氛。

一個好奇的人
a curious person

纜車
cable car

北歐式健步行
nordic walking

越野車
off-road vehicle

混凝土石柱
concrete column

發動機
motor

汽油罐
gasoline ca

快樂的鳥兒
happy bird

金屬屋頂
metal roof

地理地圖
geographical map

登山小屋
Mountain Refuge

旗幟
flag

筋疲力盡的遠足者
exhausted hiker

單筒望遠鏡
monocular telescope

沒公德心的人留下的垃圾
trash left by some rude people

一家人去旅行
family on a trip

旅館的花貓
refuge cat

土撥鼠
marmot

小山羊
little goat

公雞
rooster

小雞
chick

土撥鼠的巢穴
marmot burrow

母雞
hen

我從這裏開始我的大海之旅。

4

找找看

小朋友，你可以在下圖
找出這6個事物嗎？

毒蛇
venomous snake

小路
path

鑽頭
drill

鋸
saw

滑雪道
ski slope

衣物晾曬區
laundry drying area

一本激動人心的書
an exciting book

木樓梯
wooden ladder

山道 1h

村莊 3h

泉源
springhead

指示牌
signage

繩索
rope

能量小吃
super snack

岩石釘
rock nail

碗
bowl

長椅
bench

背包
backpack

攀石學校
rock climbing school

小溪流
brook

不小心的女士
a careless woman

牧場之旅
Farms

牧場是一處體驗簡樸生活的地方。牛舍內,小牛跑跑跳跳,乳牛生產新鮮牛奶。牧場主人使用太陽能板發電,環保節能;他們還用牛糞做肥料,每天砍柴,這裏還有乳酪工廠,出產各種芝士和乳製品。小朋友,你也想來牧場親近大自然嗎?

從煙囪冒出的炊煙
smoke from the chimney

太陽能板
solar panel

馬爾加
Malga

飢餓的遠足者
hungry hikers

欄柵
fence

乳酪工廠
cheese factory

一杯牛奶
a glass of milk

天秤
scale

芝士
cheeses

鮮奶容器
fresh milk container

凝乳
ricotta

兔子
rabbit

乳牛
dairy cow

蒼蠅
flies

這裏是一個特別的地方!

飲水槽
drinking trough

青蛙
frog

口渴!

找找看

小朋友，你可以在下圖
找出這6個事物嗎？

座椅式纜車
chairlift

生鏽的鐵皮屋頂
a rusty metal roof

牛舍
cow barn

斧頭
axe

木柴
firewood

小牛
calf

放牧
grazing

牧羊犬
shepherd dog

牧民
herdsman

牛鈴
cowbell

糞便推車
manure cart

牛糞
cow dung

7

這座森林有很多大樹,還住着許多動物。除了小鹿、野豬、棕熊、蛇和貓頭鷹之外,小朋友,你還看到什麼動物呢?動物在森林內棲息,人們在植林區小心砍伐樹木作不同用途。一切都很美好,所以我們要珍惜及保護自然環境。

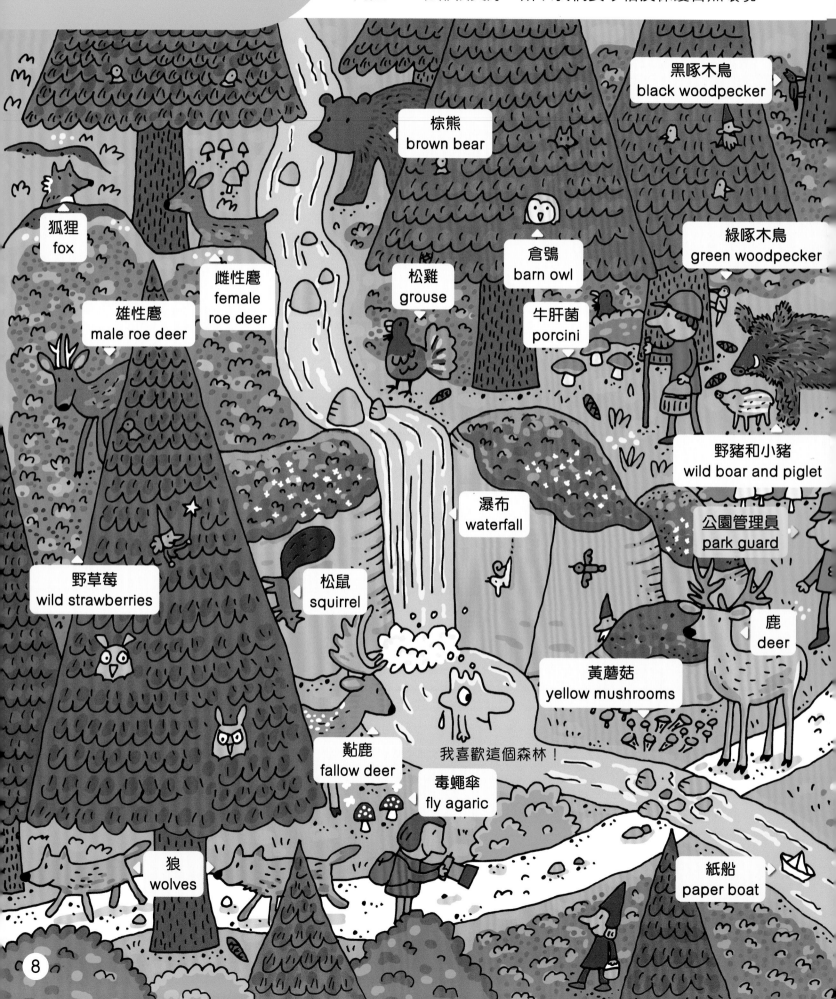

黑啄木鳥
black woodpecker

棕熊
brown bear

狐狸
fox

倉鴞
barn owl

綠啄木鳥
green woodpecker

雌性麕
female roe deer

松雞
grouse

雄性麕
male roe deer

牛肝菌
porcini

野豬和小豬
wild boar and piglet

瀑布
waterfall

公園管理員
park guard

野草莓
wild strawberries

松鼠
squirrel

鹿
deer

黃蘑菇
yellow mushrooms

黇鹿
fallow deer

我喜歡這個森林!

毒蠅傘
fly agaric

狼
wolves

紙船
paper boat

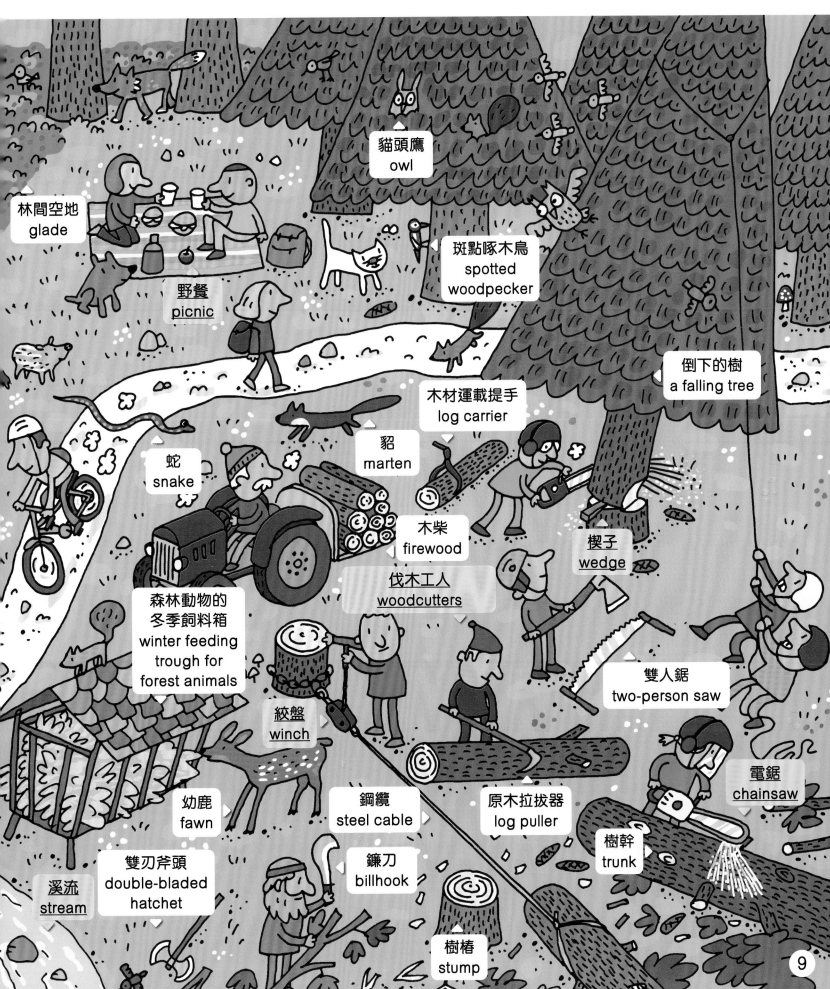

貓頭鷹
owl

林間空地
glade

野餐
picnic

斑點啄木鳥
spotted
woodpecker

倒下的樹
a falling tree

木材運載提手
log carrier

蛇
snake

貂
marten

楔子
wedge

木柴
firewood

伐木工人
woodcutters

森林動物的
冬季飼料箱
winter feeding
trough for
forest animals

絞盤
winch

雙人鋸
two-person saw

幼鹿
fawn

鋼纜
steel cable

原木拉拔器
log puller

電鋸
chainsaw

樹幹
trunk

溪流
stream

雙刃斧頭
double-bladed
hatchet

鐮刀
billhook

樹椿
stump

山區小鎮
Mountain Villages

來山區小鎮遊一圈，你會看到一幅幅秀麗的風景。小鎮裏有一個水磨坊，利用水流的轉動而生產動能，還有拖拉車在草原裏工作，有趣極了。來到這裏，你會感受到人們非常友善，他們過着自己喜歡的生活。這種簡樸的民風真令人嚮往。

找找看

小朋友，你可以在下圖
找出這6個事物嗎？

旅館
inn

穀倉
barn

纜車車艙
cable car cabin

纜車出發站
cable car
departure station

教堂
church

露營車
camper van

捷徑
shortcut

COSTIN
m.1632

穿梭巴士
shuttle bus

小墓地
small cemetery

乾草壓捆機
hay baler

乾草
hay bales

拖拉車
tractor

耙子
rake

待處理的乾草
hay to be baled

附有起重機的
拖拉車
tractor with a lifter

鼴鼠窩
mole hole

急流和瀑布
Rapids and Waterfalls

急流和瀑布是在山谷和溪流中出現的自然景觀。急流的水流湍急，坐在小艇上，感覺比坐過山車更厲害；瀑布水勢同樣急速，水從高空落下，濺起巨大的水花。如果你有機會來到這裏，記得不要靠近危險的水流，最好有大人在旁啊。

雙槳
double paddle

白水激流
whitewater kayak

野貓
wildcat

棕熊
brown bear

麠族
family of roe deer

年輕的麠
young roe deer

處於困境的獨木舟選手
kayaker in danger

比過山車更好玩！

經驗豐富的獨木舟選手
experienced kayaker

危險的岩石
dangerous rocks

急流
rapids

風景步道
scenic trail

古生物學家
paleontologist

相機
camera

恐龍足跡化石
fossil footprints
of dinosaurs

所有人都
倒下！

指示牌
signboard

瀑布
waterfall

恐龍公園
dinosaur park

美麗的秀髮
beautiful hair

石橋
stone bridge

化石骨架
fossil skeleton

化石貝殼
fossil shell

13

人工水庫
Reservoirs

水源帶給我們的力量是不可忽略的，好像我們可以借助水力來發電。小朋友，這裏有一個人工水庫，你看到水庫周圍有什麼嗎？有人划獨木舟、有人玩滑翔傘，亦有人在觀景台欣賞美麗的風景，讚許水的滋潤，令萬物生機勃勃。

卡車
truck

隧道
tunnel

單人獨木舟
single kayak

軌道
railway track

河流
river

瀝青路
paved road

道碴
track ballast

這裏發生了什麼事？

小亭
kiosk

雙人獨木舟
double kayak

滑翔翼
hang glider

碼頭
pier

人工湖
artificial lake

滑翔傘
paraglider

划艇
boating

欄杆
railing

羊
sheep

找找看

小朋友，你可以在下圖找出這6個事物嗎？

森林
forest

導電弓
pantograph

火車
train

客車廂
passenger coach

貨車廂
goods wagon

電力鐵路列車
electric locomotive

滾輪溜冰者
roller skater

安全浮標
safety buoys

水壩
dam

這是一條輸水管道，為水力渦輪機提供水源。

水力發電站
hydroelectric power station

輸電塔
transmission tower

電纜
electric cables

觀景台
viewing platform

經過水力渦輪機，水流回到河裏……

水壩令我有點害怕。

15

地下湖位於地底，需要進行洞穴探險才能到達。你可以乘坐觀光列車，環遊湖泊，欣賞洞穴中的各式大自然景觀，如鐘乳石、石柱和石筍等。如果你想體驗不一樣的旅程，就來探索地下湖吧！

全部東西都向下流！

羊羣
a flock of sheep

岩洞
grotto

地下通道
tunnel

鐘乳石
stalactite

太神奇了！

安全路徑
safe path

石柱
column

洞螈
olm

石筍
stalagmite

地下湖
underground lake

史前熊模型
model of
prehistoric bear

遊客
visitors

領隊
guide

洞熊
cave bear

觀光列車
tourist train

牧羊犬
sheepdog

洞穴學
speleology

遊客中心
visitor center

繩索
rope

含化石的石灰岩
limestone with fossils

蝙蝠
bats

垂直洞穴
vertical cave

温泉放鬆
Hot Springs

當你浸入溫泉中，你會感到溫暖和舒適，因為溫泉水溫比平常的水溫高，這種溫度有助減輕身體肌肉的疼痛。此外，溫泉水含有豐富的礦物質，有效滋潤皮膚，你亦可以在溫泉內玩水、嬉戲，享受心靈的放鬆。

鐘
clock

溫泉度假村
thermal resort

飲水
drinking water

溫泉水
thermal water

按摩和泥漿療法
massages and mud therapy

氣霧療法
aerosol therapy

服務員
waiter

水療
healing bath

按摩噴霧器
massage sprayers

浮牀
air float

溫泉泳池
thermal pool

看他們玩得多開心！

救生圈
lifebuoy

救生員
lifeguard

太陽躺椅
sun lounger

綠曼巴蛇
green mamba

蜥蜴
lizard

18

海鷗
seagull

河流
river

停泊的車輛
parked car

水力按摩
hydromassage

有人走了。

是誰來了？

開蓬跑車
convertible

鱷魚
crocodile

一切又回到河流中。

電單車
motorcycle

搖搖板
seesaw

公共遊樂場
public playground

沙池
sand pit

滑梯
slide

19

走上小山丘，你會看到一條清澈的河流，在山丘之間蜿蜒流着，兩旁是民區和農舍。在這裏，除了一望無際的葡萄園風光，還有一片綠油油的果園，勤勞的農民在這裏過着簡樸的務農生活。

避雷針
lightning rod

設有泳池的農舍
farmhouse with a swimming pool

耕地
plowed field

柏樹
cypress tree

加拿大獨木舟
Canadian canoe

現在我是一條大河。

掃煙囱
chimney sweep

煙囱清掃刷子
chimney brush

城堡
castle

生氣的男人
angry man

園丁
gardener

煤煙
soot

大門
door

掉落的花瓶
fallen vase

割草機
lawn mower

一籃蔬菜
a basket of vegetables

木樓梯
wooden ladder

梯田
terracing

找找看

小朋友，你可以在下圖找出這6個事物嗎？

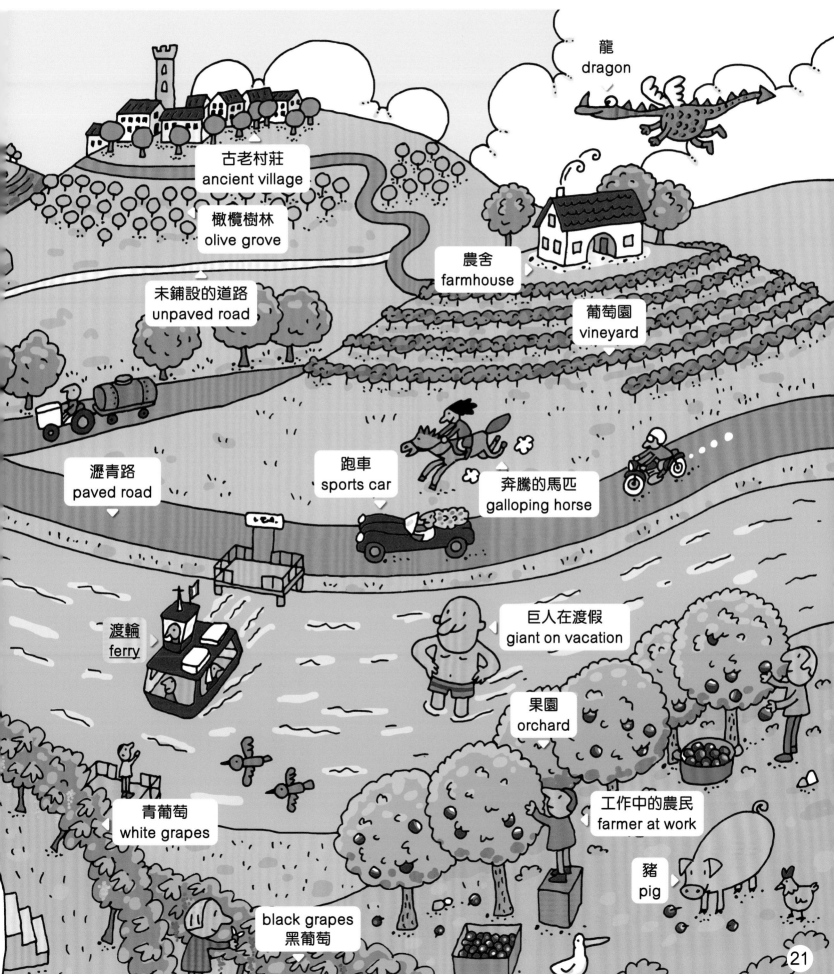

龍
dragon

古老村莊
ancient village

橄欖樹林
olive grove

農舍
farmhouse

未鋪設的道路
unpaved road

葡萄園
vineyard

瀝青路
paved road

跑車
sports car

奔騰的馬匹
galloping horse

渡輪
ferry

巨人在渡假
giant on vacation

果園
orchard

青葡萄
white grapes

工作中的農民
farmer at work

豬
pig

black grapes
黑葡萄

漫步平原
Plains

平原是指地面平坦或起伏較小的區域，主要分布在大河兩岸。這些廣闊肥沃的土地，非常適合耕作，農民使用灌溉渠道，確保農田有充足的水分和養料，這樣農作物才有豐富的收成，好像新鮮的蔬菜和稻米。

稻草人
scarecrow

古橋
ancient bridge

我正在前往一個支流的匯合點。

熱氣球
hot air balloon

耕地
plowed field

開啟的閘門
opened floodgate

燃燒器
burner

漁夫
fisherman

騾子
mule

白鷺
egret

灌渠
irrigation canal

籃子
basket

關閉的閘門
closed floodgate

準備中的稻田
rice field in preparation

電單車
motor scooter

耙子
rake

鷺
heron

稻苗
rice seedlings

水稻田
flooded rice field

稻田工人
rice field worker

蒼鷺
grey heron

種子 seeds

雨傘 umbrella

播種者 sower

我像一條滔滔
不絕的河流

遇險的農民 farmers in danger

被水沖垮的堤岸 collapsed bank

洪水 flood

舵 rudder

支流 tributary

消防隊 firefighters

堤岸 embankment

帳篷 tent

主河流 main river

木筏 log raft

遇險的小狗 dog in danger

橡皮艇 rubber boat

拖拉機泵 tractor pump

灌溉拖拉機 irrigation tractor

灌溉器 irrigator

蔬菜 vegetables

成熟的稻米 ripe rice

23

水上交通
Water Transportation

小朋友，你看看今天的水上交通情況如何呢？這裏的水面交通運輸很繁忙，有各式各樣的船隻，除了載運貨物的駁船，還有載着遊客觀光的旅行船，亦有輪船、帆船和遊艇等，看來很熱鬧啊！

收費亭
toll booth

危險駕駛的電單車手
reckless motorcyclist

開合橋
movable bridge

摩托船
motor ship

小貨車
van

駁船
barge

有學問的巨人
a knowledgeable giant

書
book

商品
goods

河
river

電動帆船
motorsailer

今天的交通情況如何？

內置式動力船
inboard motor boat

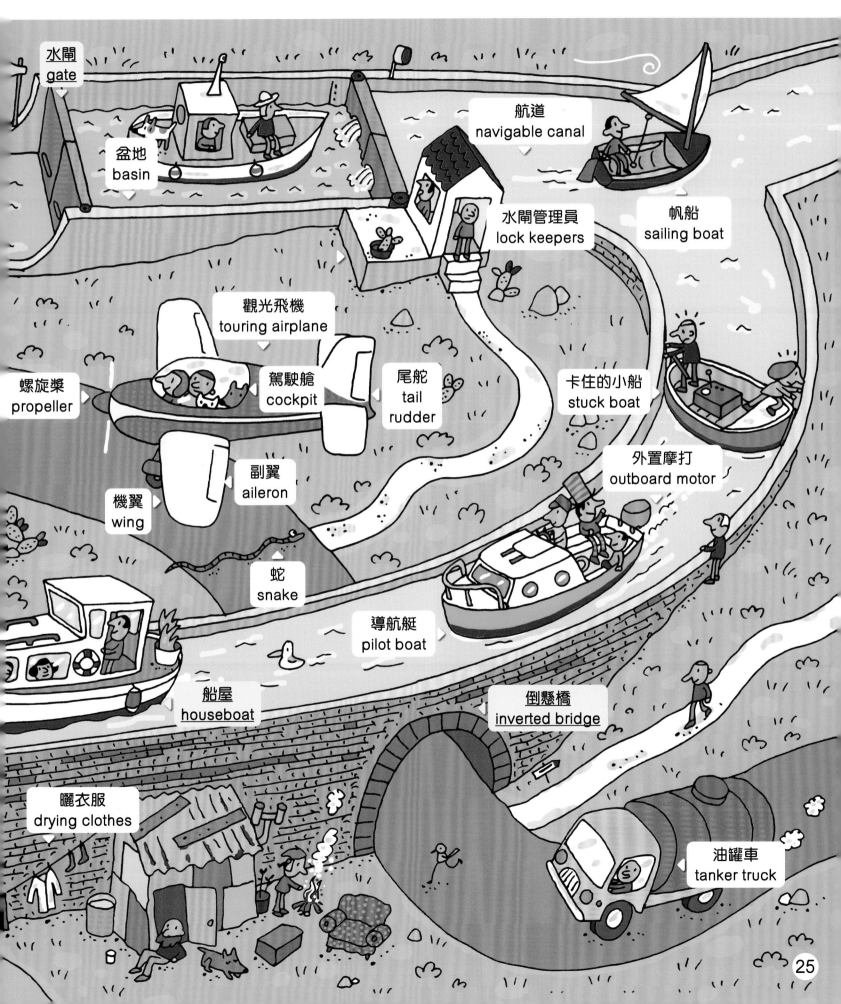

水閘
gate

盆地
basin

航道
navigable canal

水閘管理員
lock keepers

帆船
sailing boat

觀光飛機
touring airplane

駕駛艙
cockpit

尾舵
tail
rudder

螺旋槳
propeller

卡住的小船
stuck boat

副翼
aileron

外置摩打
outboard motor

機翼
wing

蛇
snake

導航艇
pilot boat

船屋
houseboat

倒懸橋
inverted bridge

曬衣服
drying clothes

油罐車
tanker truck

25

在河口處
River Mouths

河口沼澤地是一個特殊的生態環境，這裏有充足的水源，是野生動物的棲息地，尤其有許多雀鳥居住。看着披上白色羽毛的白鷺和天鵝，還有頭頂戴上綠色帽子的水鴨，非常耀眼，吸引了不少觀鳥者和遊人前來欣賞。

垂柳
weeping willow

秋沙鴨
goosander

高蹺鴴
black-winged stilt

觀望台
observatory

澤鷹
marsh harrier

鸕鷀
cormoran

終於到了海邊！

琵鷺
spoonbill

西方黃鶺鴒
western yellow wagtail

白冠水雞
eurasian coot

白鷺
egret

鰻魚
eel

卡馬格野馬
camargue horse

杓鷸
curlew

天鵝
swan

沙洲
sandbar

海狸鼠
nutria

大白鷺
great egret

銀鷗
herring gull

大白鷺
great egret

聖朱鷺
sacred ibis

平底船
flat-bottomed boat

鱘魚
sturgeon

漁船
fishing boat

野雁
wild geese

找找看

小朋友，你可以在下圖
找出這6個事物嗎？

灰鷺
grey heron

火烈鳥
pink flamingoes

池塘
pond

項圈水蛇
collared
watersnake

翠鳥
kingfisher

灰鶺鴒
grey wagtail

綠頭鴨
mallard

斑尾鷸
bar-tailed godwit

觀鳥者
birdwatcher

沉船
sunken boat

漁網
fishing net

好的，直接回家！

棚屋
stilt house

用魚籠捕魚
creeling

意大利威尼斯是世界聞名的水鄉，它坐落於潟湖的中心，城內小巷全是水道，人們日常起居也以船隻代步，其中最能吸引遊客的，便是乘坐狹長的貢多拉船欣賞沿途美麗如畫的風光。

送貨員 courier

咖啡室 coffee shop

郵差 postman

我迷路了！

摩托計程艇 motorboat taxi

造船廠 shipyard

動力浮船 motor pontoon

挖掘機 excavator

站立划船 standing rowing

聖普羅造船廠

木船 wooden boat

平底划艇 flat-bottomed rowboat

起重機 crane

貢多拉船夫 gondolier

防污漆 antifouling paint

豎框窗 mullioned window

屋頂平台 roof terrace

船舶滑道 boat ramp

貢多拉 gondola

潟湖
lagoon

潟湖巨人
lagoon giant

水上救護車
ambulance boat

遮陽篷
sun awning

雷達
radar

擱淺船
beached boat

水上巴士
waterbus

淺水區
area of shallow water

深水航道
deep channel

成年大鷗
adult royal gull

年幼大鷗
juvenile royal gull

29

海底洞穴
Sea Caves

海底洞穴是一處神秘的世界，它有一個閃亮着藍色光芒的海蝕洞，這就是意大利著名的旅遊勝地——藍洞(Blue Grotto)。坐着小船在岩洞之間穿梭，會看到許多令人驚歎的自然奇觀，值得我們去探索。

這裏是位於意大利卡布里島的藍洞。

海崖
cliff

洞穴入口
cave entrance

海鷗
seagull

雙耳陶罐
amphora

海底考古學家
underwater archaeologists

岩石
rock

水下浮標
sub buoy

充氣划艇
inflatable rowing boat

升降球
lifting balloon

水母
jellyfish

沙底
sandy bottom

海膽
sea urchins

古代遺跡
ancient relic

考古文物
archaeological finds

海鰻
moray

墨魚
cuttlefish

這個洞穴非常
壯觀！

跳水運動員
diver

美人魚
mermaid

水底觀測器
bathyscope

喇叭魚
trumpetfish

水底滑板車
underwater
scooter

海底隧道
underwater tunnel

隧道入口
tunnel
entrance

海綿
sponge

大江珧蛤
noble pen shell

海參
sea cucumber

丟失的手錶
lost watch

寄居蟹
hermit crab

螃蟹
crab

到港口
Ports

港口同時是船隻到達和離開的地方。當一艘船靠近港口，船員便要放下錨，等待進入港口的指示；當船到達目的地，除了乘客，貨櫃也需要裝卸工人處理；當船要離開港口時，船員就要把碼頭上的繩索拆開，讓船隻離開。

煙囪
chimney

船柱
bollard

索纜
hawser

甲板
deck

船尾
stern

現在我們到達港口了！

救生艇
lifeboat

甲板
deck

船橋
bridge

舷牆
bulwark

主甲板
main deck

客船
passenger ship

渡輪
ferry

裝卸工人
stevedore

港口起重機
port crane

起重機操作員
crane operator

護舷
boat fender

貨艙
cargo hold

糧食貨物
load of grain

貨船
cargo ship

MAR

海關
Customs

港口
port

貨櫃
container

前甲板
forecastle

多麼大
的船！

艙口
hatch

甲板
deck

碼頭
pier

船頭
bow

甲板工人
deckman

舷窗
porthole

錨
anchor

救生筏
life raft

拖船
tug

吐
spit

清潔工
cleaner

港口引航員
port pilot

貨櫃船
container ship

載重線標記
load line
markings

錨鏈孔
anchor hawsehole

錨鏈
anchor chain

領航船
pilot boat

球狀船首
bulbous bow

海灘和鹽田
Beaches and Salt Pans

小朋友，你喜歡去海灘游泳嗎？海灘是一處海洋和陸地交接的地方，有着金色沙灘和碧藍海水，是休閒好去處。那麼鹽田呢？那是人工建造的，由許多塊小池塘組成，通過海水蒸發和沉積的過程來生產鹽，體現了大自然的美妙。

洗手間 toilet

小路 sidewalk

更衣室 changing room

淋浴 shower

沙城堡 sandcastle

沙丘 sand dune

沙灘傘 beach umbrella

垃圾桶 garbage can

墨西哥帽 sombrero

海灘 beach

救生員 lifeguard

滾球 bocce

疼痛 pain

沙灘椅 deckchair

救生員椅 lifeguard chair

太陽躺椅 sun lounger

小販 hawker

救援浮筒 rescue can

救生艇 rescue board

前灘 foreshore

渡假萬歲！

深水 deep water

游泳者 swimmer

游泳圈 swim ring

充氣鱷魚浮牀 inflatable crocodile

滑浪風帆 windsurfing

運河
canal

水淹池
flooded basin

當我蒸發時，
便會入睡！

矮棕櫚
dwarf palm

鹽
salt

木製手推車
wooden cart

浮出的鹽
salt that emerges

龍舌蘭在開花
flowering agave

蒸發中的水
evaporating water

淺水
shallow water

棕櫚樹
palm tree

鸚鵡
parrot

鹽田
salt field

附設滑梯的腳踏船
pedalo with slide

倉庫
warehouse

鹽倉
Salt Warehouse

鹽袋
bags of salt

帆船獨木舟
sailing canoe

碼頭
pier

軌道上的小車
trolleys on rails

35

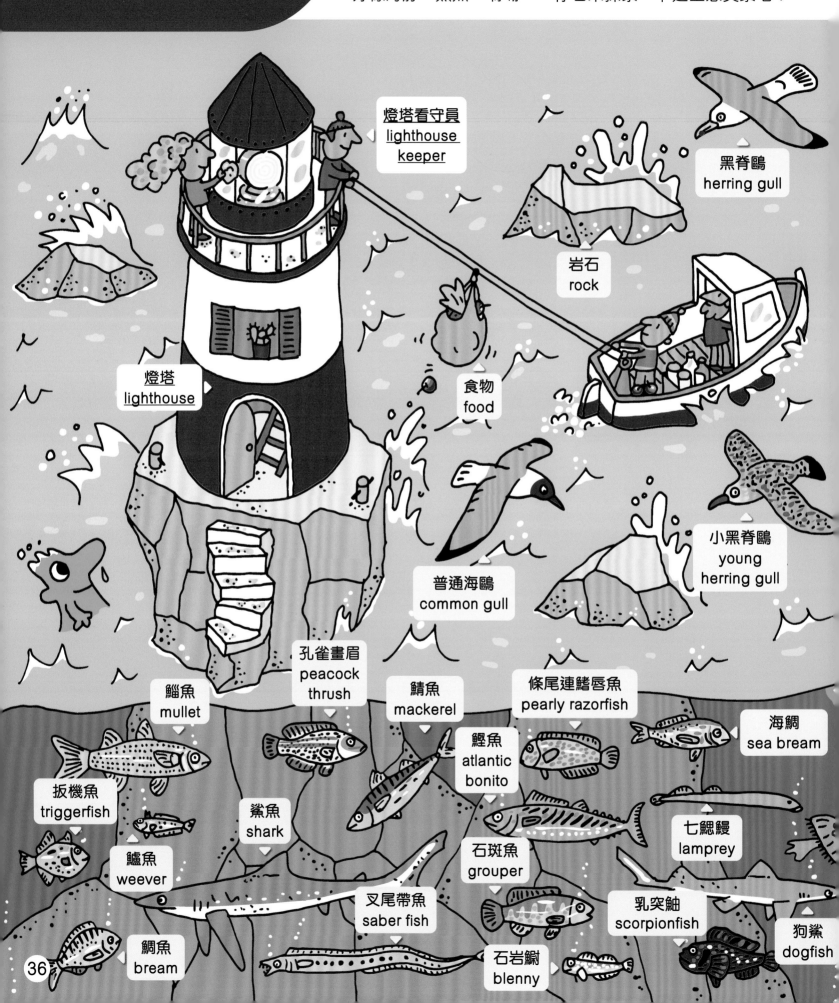

在大海上
Seas

站在燈塔上，眺望廣闊的大海，看到海水波光閃閃，遠方翻起水龍捲；近處有帆船乘風破浪，潮漲又潮退，構成一幅美麗風景。小朋友，你仔細看，還會發現許多海洋生物，好像海豚、鯊魚、珊瑚⋯⋯你也來探索一下這生態美景吧！

燈塔看守員
lighthouse keeper

黑脊鷗
herring gull

岩石
rock

燈塔
lighthouse

食物
food

小黑脊鷗
young herring gull

普通海鷗
common gull

孔雀畫眉
peacock thrush

鯖魚
mackerel

條尾連鰭唇魚
pearly razorfish

鯔魚
mullet

鰹魚
atlantic bonito

海鯛
sea bream

扳機魚
triggerfish

鯊魚
shark

石斑魚
grouper

七鰓鰻
lamprey

鱸魚
weever

叉尾帶魚
saber fish

乳突鮋
scorpionfish

狗鯊
dogfish

鯛魚
bream

石岩鳚
blenny

異常浪潮
abnormal wave

水龍捲
waterspout

波峯
crest

獨桅艇（單帆艇）
catboat

海豚
dolphin

里氏海豚
Risso's dolphin

長吻飛旋海豚
spinner dolphin

鯴魚
umbrina

雜斑盔魚
Mediterranean
rainbow wrasse

小型潛水艇
mini submarine

方鯛
boarfish

眼鯛
saddled
bream

斑鰭鮨
brown
comber

大白鯊
white sharks

鯛魚
dentex

藍鯨
blue whale

針魚
needlefish

叉牙鯛
goldline

37

水先生的轉變
Different Forms of Water

水先生原本是一滴水珠，無拘無束地四處流動；當太陽先生出來，水先生的身體就會起變化，變成了雲彩，飄浮在空中；隨着天氣的轉變，水先生會變成各種不同的形狀，有時雨點、有時霧氣、有時冰塊，他就是擁有百變的本領！

卷層雲
cirrostratus

卷雲
cirrus

卷積雲
cirrocumulus

高層雲
altostratus

雨層雲
nimbostratus

高積雲
altocumulus

單座飛機
single-seat
airplane

層積雲
stratocumulus

雨
rain

雲層
stratus

積雨雲
cumulonimbus

探空氣球
weather balloon

滑翔機
glider

雲
clouds

積雲
cumulus

閃電
lightning

雪
snow

氣象站
weather station

冰雹
hail

霧巨人
fog giant

霧
fog

氣象學家
meteorologist

接着這幾頁，你可以找到那些在插圖中畫上底線標記的單詞的解釋！

水先生和你一起去學習

小朋友，你在本書中看到一些難懂的單詞嗎？不用擔心，我們現在就和你一起去細讀它們的意義吧！

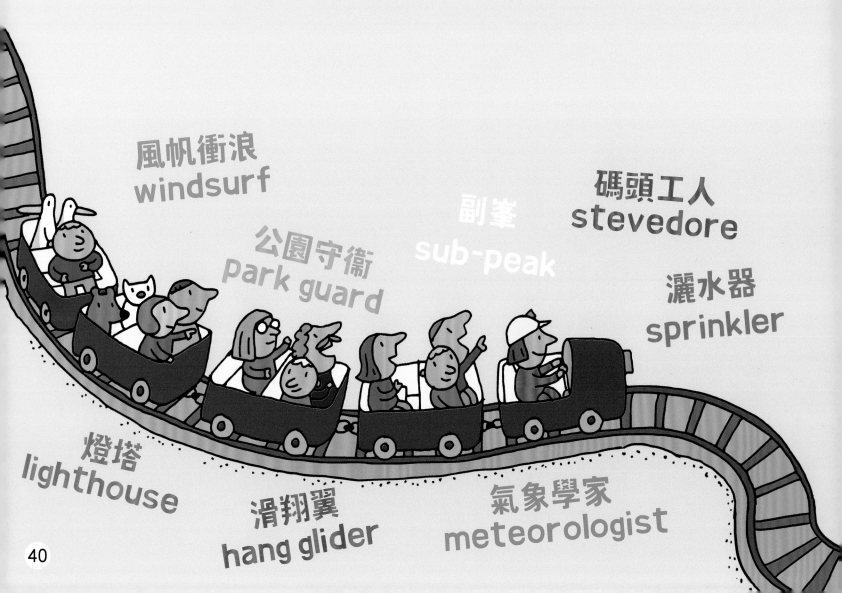

風帆衝浪
windsurf

公園守衛
park guard

副峯
sub-peak

碼頭工人
stevedore

灑水器
sprinkler

燈塔
lighthouse

滑翔翼
hang glider

氣象學家
meteorologist

在山區上 Mountains

副峯 sub-peak
這是位於主峯之前的一個山頂。

雪崩搜救犬 avalanche dog
牠們擁有天賦才能,當經過專門訓練後,可以幫助救援隊拯救被雪崩掩埋的登山者。

雙繩下降double rope rappel
這是一種讓登山者可以沿着岩石壁向下降的技術,方法是通過將繩索穿過登山扣,然後使用兩條繩子來減緩下降速度。當登山者成功下山時,也可以通過拉動另一端的繩子來取回繩索。

冰川 glacier
由山區或極地的積雪積聚而形成的巨大冰塊,夏季不會融化。每年會有新的積雪加入,而隨着積雪重量的增加,受壓後會逐漸變成冰。冰川會緩慢地向山谷移動,不幸的是,由於氣候變化,它們正在融化。

冰磧 moraine
冰川融化後,大量岩石物質往下流到山谷,並沉積在冰川側面和前緣位置。

冰隙 crevasse
當冰川向山谷移動時,形成了深深的裂縫。這些裂縫經常被新雪掩蓋,因此對登山者來說是非常危險的。

在山屋中 Mountain Refuges

滑雪道 ski slope
積雪在冬季的融雪期不會融化,而是一直留到整個夏季。滑雪道主要出現在高山地區,尤其是在那些被陰影覆蓋的地區。

登山小屋 mountain refuge
一種類似小旅館的建築,建在偏遠的山區上,讓徒步旅行者休息和補充體力。當暴風雨來臨時,旅行者能找到一處避難所是很美好的!

小溪流 brook
水流量較小的溪流或小河,亦可謂小溪就是小河。

泉源 springhead
水源從地下湧出的起點。

纜車 cable car
纜車是一種由纜繩、車架和滑輪組成的工具,用於在山區運輸物資。纜車可以由電動或手動驅動。

牧場之旅 Farms

馬爾加
Malga
這是夏季放牧的地方。牧場內，除了牛舍外，還有牧人的住所和乳酪工廠。乳酪就是在這裏製造的。

太陽能板
solar panel
它們是一種能夠從吸收太陽光而產生能源的工具。

座椅式纜車
chairlift
這是一種機械運輸系統，由一個連續的纜繩和綁着座椅的掛鈎組成，通過電動馬達驅動運行。

森林深處 Forests

絞盤 winch
這是一個非常有用的工具，可以用來移動重物。它可以手動或機械操作。

伐木工 woodcutters
他們是森林護理人員。他們知道哪些樹木應該何時被砍伐。

楔子 wedge
一種木製工具，用槌敲入由鋸切關的裂縫中，用以分開樹和鋸。

公園管理員 park guard
在公園或自然保育區中，負責監督和保護公園的工作人員。

電鋸 chainsaw
一種附有鋒利鋸齒鏈條的工具，可以通過電動來切割木材。小心，它是非常危險的！

野餐 picnic
在戶外用餐，坐在地上吃着自己從家裏帶來的食物。

溪流 stream
它是一條比小溪更大的水流，但卻不足以稱為河流。

山區小鎮 Mountain Villages

水磨坊
water mill
這是一座建築物，內裏安裝了磨碎穀物和其他穀類的機器，而這機器是借助水力來驅動的。

乾草壓捆機
hay baler
這是一個連接於拖拉機的專屬機器，它可以收集乾草，並將其壓縮成圓柱形的乾草球，然後打包出來。

急流和瀑布
Rapids and Waterfalls

白水激流
whitewater
當水流在岩石和漩渦夾縫之間急速流動時，水變成了泡沫的白色。運動員將那些困難的路線稱為「白水」。

古生物學家
paleontologist
古生物學家專門研究植物和動物的化石遺骸。

人工水庫
Reservoirs

水力發電站
hydroelectric power station
這是一座建築物，內裏安裝了可以通過水力驅動，而產生電能的機器。

滑翔翼和滑翔傘
hang glider and paraglider
它們是兩種只需風力就可自由飛行的工具。滑翔翼具有金屬結構；滑翔傘則只由布料製成。

水壩 dam
這是一種人工興建的屏障，用於控制水流，防止洪水泛濫。

道碴 track ballast
它是一層鋪在地面上的礫石或碎石，用以支撐木質或混凝土的枕木。

導電弓 pantograph
這是一種讓電力鐵路車從架空電纜取得電力的設備。

地下湖 Underground Lakes

洞螈
olm
牠是一種生活在洞穴深處的兩棲動物，所以有時候在水裏，有時候則在陸地，好像魚一樣通過鰓呼吸，並且是盲的。

石柱，鐘乳石，石筍
column, stalactite and stalagmite
水從洞穴的穹頂滴落，沉積了一些碳酸鈣，隨着時間的增長而不斷地沉積在其他碳酸鈣上，形成了一些圓錐形的構造。從洞穴天花上垂下來的叫「鐘乳石」；從地面上長出來的叫「石筍」；當石筍在幾千年之後合併在一起時，就稱為「石柱」。

温泉放鬆 Hot Springs

温泉水
thermal water
温泉水是由雨水滲入地下深處而形成的地下水，這些水受到地熱加熱而提高了水溫並湧出，流在地底與不同的岩石接觸，成為含有礦物質的地下温泉水。

河流
river
當小溪的水量和寬度加大，就可稱為河流。

綠曼巴蛇
green mamba
牠是世界上最毒的蛇之一，生活在非洲，全身綠得像一根翠竹。

穿越山丘 Down the Hills

避雷針
lightning rod
這是一種尖頭裝置，能吸引閃電，並通過金屬電纜，將閃電的電流導入地下的裝置。

煙囪清掃刷子
chimney brush
這是一種清潔工具，用於清潔管道、煙囪、槍管和瓶子。

渡輪
ferry
這是一種用於渡過河流、湖泊和海洋的船隻，載着乘客從一個岸邊駛到另一個岸邊。

漫步平原 Plains

灌溉器
irrigator
灌溉器是一種用於灌溉農田的設備，它可以將水引入農田。市面上有許多不同類型的灌溉器。

熱氣球
hot air balloon
這是一種精美的飛行器，可以隨風而行。它的動力就是內部的加熱器，只要運用加熱器加熱空氣，空氣充滿熱氣球內，從而使熱氣球上升。要下降，只需打開一個閥門，讓熱空氣流出即可。

擋水的閘門
floodgate
這是一種金屬片，用以調節灌溉管道中的水流。它會隨着位置的上下移動而開啟或關閉，可以手動或電動操作。

水上交通 Water Transportation

駁船 barge
一種在河流和運河的大型運輸船隻，可以用來運送大型物品。

船屋 houseboat
一種既像房子又像船的船隻，可在河流和運河中航行。

水閘 gate
這是一個人造的堰塞物，安裝於船隻行駛的河流中。通過閘門系統，船隻可以在不同水位的運河中航行。

倒懸橋 inverted bridge
橋樑通常用於跨越水流，但有時也會出現相反的情況，變成用於跨越道路。

在河口處 River Mouths

沙洲 sandbar
在潮汐時出現的沙洲地帶，由於經常被淹沒在水中，為許多生物提供了豐富的食物來源，是許多動物的棲息地。

用魚籠捕魚
creeling
這種捕魚方式會使用特別的漁具，其形狀設計可供魚兒進入，但無法離開，從而成功捕魚。

漁網
fishing net
這是一種特殊的漁具，由一個碩大的方形網組成，使用時先把它浸入水中，然後用滑輪拉起來。

棚屋
stilt house
這是一種建於水上的小屋，以插入湖泊底部的樁柱作支柱。史前人類也有興建這類小屋。

潟湖生活 Lagoons

屋頂平台 roof terrace
這是興建在建築物最高處的小平台或觀景台，超過了建築物的屋頂。它可以由磚或木材建成。

造船廠 shipyard
這是一個建造和維修各種船隻的地方。

潟湖 lagoon lake
這是被沙洲或海岸線隔開的一處海域。

動力浮船 motor pontoon
這是一種用於運輸車輛和物資的船舶。

站立划船
standing rowing
立槳是一種划艇技術，船員站立在船上，使用一把單槳來令船隻行駛。

海底洞穴 Sea Caves

海底考古學家
underwater archaeologists
他是一位透過檢查、回收海底考古遺物、古代沉船及其他物品，以研究古代文明的科學家。

水下浮標
sub buoy
這是一個浮標，用以指示水底下有潛水員的存在，並提醒船隻遠離。

海底隧道
underwater tunnel
這是一些狹窄的深海通道，連接着海底洞穴。有些通道非常長，一些冒險的潛水員會去探索它們。

升降球
lifting balloon
這是一種巧妙的工具，利用浮力，以舉起和將沉沒的物體帶上水面。

水底滑板車
underwater scooter
這是一種小型電動車，可以讓潛水員在水底輕鬆移動。

在港口 Ports

船柱 bollard
它通常是金屬結構，安裝在碼頭上，用於固定船艦的纜繩以停泊。

球狀船首 bulbous bow
這是指船頭突出水面下的部分，通常為球形或流線型。它可以減少船頭波浪的力量，改變水流的方向。

貨櫃 container
用於貨物運輸的大型金屬容器。集裝箱具有標準尺寸，可以輕便地堆疊在船舶、卡車、火車上。

錨鏈孔 anchor hawsehole
在船舶舷壁上設有一個讓錨鏈通過的孔洞。

索纜 hawser
這是適用於停泊船艦的大型錨繩。

碼頭 pier
是船隻停泊的地方，碼頭通常位於港口。

舷窗 porthole
船上的圓形窗，具有照亮內部及通風的作用。

港口引航員 port pilot
船隻進入港口時，需要可靠的引航服務。港口引航員乘坐特殊馬達艇到達船隻上，他是負責引導船隻進入和離開港口的專業人員。

港口 port
這是指一個位於河岸上，可以停泊船隻、裝卸貨物和乘客的地方。

拖船 tug
它是一種非常強大的船舶，用於拖曳其他船舶，並將它們安全地帶到停泊點。

甲板工人 deckman
他是專門負責將集裝箱牢固綁定在其位置上，並確保船隻在航行期間，集裝箱不會移動，即使遭遇最猛烈的風暴也不行。

載重線標記 load line markings
大型貨船在船身上繪有數字，以表明船隻的負載重量。貨物越重，船體就會越深入水中。

裝卸工人 stevedore
他是專門負責將貨物和集裝箱分配到船舶艙口的工人。

讀者須知
關於船舶各部分的名稱大都很獨特，很難簡單說清楚。大家可以先看看圖中那些單詞。請記住，這些單詞還有許多不同的說法呢！

46

海灘和鹽田
Beaches and Salt Pans

帆船獨木舟
sailing canoe
獨木舟是指一種用槳推動的小船，槳是船上用來划船的工具，有時也可以使用小帆來行駛。

沙丘
sand dune
它是沙粒因着風的作用下，積聚而成的一堆沙子。

救生艇
rescue board
這是救生員使用的救生工具，它是設有兩個船體的划艇。

附設滑梯的腳踏船
pedalo with slide
這是一種小型的腳踏艇，通過踩踏腳蹬來帶動一個輪子向前或向後推進。有些腳踏艇還配有一個滑梯道，可以用來滑入水中。

救援浮筒
rescue can
它是一種帶有手柄的細長浮筒，可用作救生圈。

鹽
salt
當海水蒸發時，所殘留下來的氯化鈉，便是鹽的主要成分。

鹽田
salt field
這是海水蒸發後留下的氯化鈉，用於取鹽的場地。

救生員椅
lifeguard chair
這是一種非常高的椅子。救生員坐在椅子上，可以更清楚地看到海上發生的事情，並隨時準備拯救。

滑浪風帆
windsurfing
這是一種兼備滑浪和帆船的水上運動。

在大海上 Seas

獨桅艇
catboat
這是一種起源於美國的帆船，其桅杆非常靠近船頭，只有一張巨大的帆。

燈塔
lighthouse
這是一座塔樓，其頂部安裝了一個強大的燈泡，燈泡發出的光源總是旋轉的，用於在夜間為航海者提供方向。燈塔的光線在旋轉時會呈現閃爍的效果。閃爍的節奏因燈塔而異，這有助於區分它們。

燈塔看守員
lighthouse keeper
這是負責維護燈塔的人員，為海上的船隻發出訊號燈。以往的看守員會住在燈塔裏。現在，所有的燈塔都已經自動化，沒有人住在裏面了。

小型潛水艇
mini submarine
這是一種小型潛水艇，可以潛入深海，用於科學家研究海底和回收沉沒物品，以及探索沉船遺址。

異常浪潮
abnormal wave
有時會出現一種與其他波浪不同的巨大而強大的浪潮，但目前還無法確定它是如何產生的。

水龍捲
waterspout
這是一種類似於陸上龍捲風的大氣現象，但發生在海面上。它可以非常危險。有時會吸入海水和魚類，然後將它們拋到內陸，遠離海洋。

水先生的轉變
Different Forms of Water

滑翔機
glider

這是一種不依靠動力裝置而飛行的飛行器,只利用空氣流動來支撐在空中。

氣象學家
meteorologist

他是一位熟悉氣象學的專家。氣象學是研究大氣現象的科學,氣象學家讓我們知道未來幾天的天氣預報,但有時他們也會失準。

雲
clouds

當空氣快冷卻時形成的水蒸氣聚集體,便形成雲。雲有許多種類和不同的名稱,觀察雲需要花很多時間,因為那些資料告訴我們天氣的變化。研究雲的科學稱為「雲物理學」。

探空氣球
weather balloon

它是一個由氣象學家使用的儀器。探空氣球攜帶儀器升上天空,待收集數據後,並將其傳回地球。

氣象站
weather station

站內設有自動收集和傳遞氣象信息的觀測裝置,包括:測量溫度的溫度計;測量大氣壓力的氣壓計;測量空氣濕度的濕度計;測量風速的風速計;用於標示風向的風向標;測量降雨量的雨量計等,讓氣象學家監測大氣的數據。

亞哥斯提諾・特萊尼
Agostino Traini

1961年出生於羅馬,至今已經為兒童繪製圖書約30年,並製作出獨特的紙質書籤和木製家具。近年,他也開始設計和繪畫一些立體書,繪製了許多角色,而他的圖書已被翻譯成多種語言。

好奇水先生

好奇水先生科普漢英圖典
Mr Water's Science Picture Dictionary

圖文：亞哥斯提諾・特萊尼 (Agostino Traini)
譯者：林麗
責任編輯：嚴瓊音
美術設計：許鍩琳
出版：新雅文化事業有限公司
香港英皇道499號北角工業大廈18樓
電話：(852) 2138 7998
傳真：(852) 2597 4003
網址：http://www.sunya.com.hk
電郵：marketing@sunya.com.hk
發行：香港聯合書刊物流有限公司
香港荃灣德士古道220-248號荃灣工業中心16樓
電話：(852) 2150 2100
傳真：(852) 2407 3062
電郵：info@suplogistics.com.hk
印刷：中華商務彩色印刷有限公司
香港新界大埔汀麗路36號
版次：二〇二三年七月初版

Original cover and Illustrations by Agostino Traini.
No part of this book may be stored, reproduced or transmitted in any form or by any means, electronic or
mechanical, including photocopying, recording, or by any information storage and retrieval system, without
written permission from the copyright holder.

ISBN: 978-962-08-8225-8
© 2022 Mondadori Libri S.p.A. for PIEMME, Italia
Published by arrangement with Atlantyca S.p.A. – Corso Magenta, 60/62 –20123 Milano, Italia -
foreignrights@atlantyca.it - www.atlantyca.com
Original Title: *Impara a leggere con il Signor Acqua*
Translation by Mary
© 2023 for this book in Traditional Chinese / English language – Sun Ya Publications (HK) Ltd.
18/F, North Point Industrial Building, 499 King's Road, Hong Kong
Published in Hong Kong SAR, China
Printed in China